BEIHEFTE ZUM GESUNDHEITS=INGENIEUR

REIHE II HEFT 23

HERAUSGEGEBEN VON DER LEITUNG DES GESUNDHEITS=INGENIEURS

DIE ANAEROBE ZERSETZUNG VON KLÄRSCHLAMM MIT BESONDERER BERÜCKSICHTIGUNG DER GASMENGEN

VON

DR. HERBERT TEICHGRAEBER

CHEMIKER DES WEISSELSTERVERBANDES

GERA

MIT 8 BILDERN

MÜNCHEN UND BERLIN 1943

VERLAG VON R. OLDENBOURG

Inhaltsangabe

D 27

Druck von R. Oldenbourg, München

Printed in Germany

Die anaerobe Zersetzung von Klärschlamm
mit besonderer Berücksichtigung der Gasmengen

Die Beseitigung des Klärschlammes ist heutzutage ein sehr wichtiges Arbeitsgebiet des Abwasserfachmannes geworden. Während die Trennung der ungelösten Stoffe vom Schmutzwasser technisch so weit vervollkommnet wurde, daß diese Verfahren zufriedenstellend arbeiten, bleibt die Weiterbehandlung des Klärschlammes und seine endgültige Unterbringung oft noch eine besondere Sorge. Es sei von den Fällen abgesehen, in denen man den Frischschlamm im ursprünglichen Zustande z. B. in Tankdampfern auf das Meer hinausfährt und versenkt. Solche und ähnliche Verfahren sind stets durch besondere Umstände begünstigt und nicht allerorts anwendbar., Wie viele Beispiele zeigen hingegen, daß die Schlammfrage eine rechte »Schlammplage« werden kann! Es ist zumeist die natürliche Folge, daß die Wirkung der Kläranlage beeinträchtigt wird.

Welche Bedeutung der raschen und hygienischen Schlammbeseitigung zukommt, wird am eindringlichsten klar, wenn man berücksichtigt, daß in einer Absetzanlage rd. 1 l/ET Schlamm anfällt und daß diese Menge bis zum Mehrfachen steigt, wenn die Anforderungen an den Reinheitsgrad des Abwassers höhere sind. Es ist zudem bekannt, daß diese Rückstände im Frischzustande alsbald in stinkende Zersetzung übergehen und sehr unliebsame hygienische und ästhetische Übelstände zur Folge haben.

Neben der vorerwähnten ist eine weitere Haupteigenschaft des Klärschlammes sein Wasserverbindungsvermögen. So alt die Abwassertechnik ist, so lange bemüht man sich, diese Eigenschaft abzuschwächen und letzten Endes auf diesem Wege eine Volumenverminderung der Masse zu erreichen.

Einen entscheidenden Fortschritt erzielte die Schlammbehandlung im Ausfaulverfahren. Die technische Entwicklung führte zum Emscherbrunnen und verwandten Anlagen, die sämtlich darauf ausgehen, den Schlamm unter Wasser einer alkalischen, geruchlosen Faulung zu unterziehen. Damit ist zweierlei erreicht:

1. Der ausgefaulte Schlamm ist imstande, sein schlammeigenes Wasser schneller und nachhaltiger abzugeben,
2. der Geruch des Frischschlammes ist verschwunden und an seine Stelle ein eigenartig teeriger Geruch getreten, der nicht mehr als abstoßend empfunden wird.

Damit der Schlamm diese Eigenschaften annimmt, unterliegt er während der Faulzeit mannigfachen physikalischen, chemischen und vor allem biologischen Einwirkungen, die in ihrer Art und Abhängigkeit bei weitem noch nicht voll erkannt sind und die, weil es sich in erster Linie um ineinandergreifende, verwickelte Lebensvorgänge handelt, sich auch schwer durchforschen lassen.

Temperatur und pH-Wert sind bestimmend am Verlauf des anaeroben Abbaues beteiligt. Die erstere fördert infolge auftretender Wärmeunterschiede die schnelle Durchmischung der frischen und der bereits faulenden Substanz und bringt Vorteile für das biologische Leben. Der pH-Wert stellt sich im reifen Faulraum für den biologisch günstigsten, schwach alkalischen Bereich ein. Er kann durch grobe Betriebsfehler nach der einen oder anderen Seite verschoben werden und u. U. den Abbau sehr stark beeinträchtigen.

Das beste Zeichen für den ungestörten Verlauf des Faulprozesses ist die Gasentwicklung. Die Zusammensetzung der Gase, die im wesentlichen aus Kohlensäure (CO_2) und Methan (CH_4) bestehen, gibt darüber Aufschluß, daß kohlenstoffhaltige, also organische Substanz ihre Quelle darstellt und daß damit eine gewichtsmäßige Verringerung der Trockensubstanz einhergehen muß. Je größer die Gasmenge, um so rascher schreitet die Fäulnis und der Substanzverlust fort, um so größer ist demzufolge auch die Zahl der biologischen Kräfte, die den Zerfall unterhalten. Alle Maßnahmen, die, in wirtschaftlich vertretbarem Ausmaß angewendet, geeignet sind, die Gasausbeute zu erhöhen, helfen Zeit und Unkosten sparen.

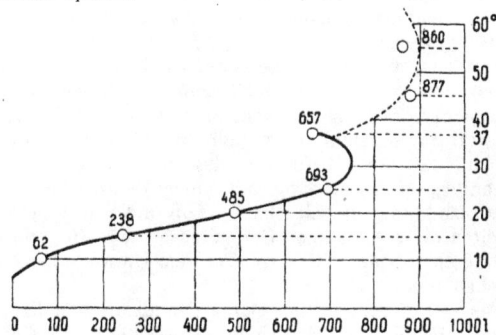

Bild 1. Gasmenge aus 1 kg organischen Stoffen des frischen Schlammes in 2 Monaten bei verschiedenen Temperaturen.

In größerem Umfange ist bisher die Erwärmung zur Förderung der Schlammausfaulung herangezogen worden. In der bekannten Gaskurve (Bild 1) hat Sierp [1] die Abhängigkeit der Gasmengen von der Temperatur im Bereich von 6 bis 60° aufgezeigt. Die gleichen Beziehungen geben Fair und Moore [2] nach amerikanischen Beobachtungen an (Bild 2).

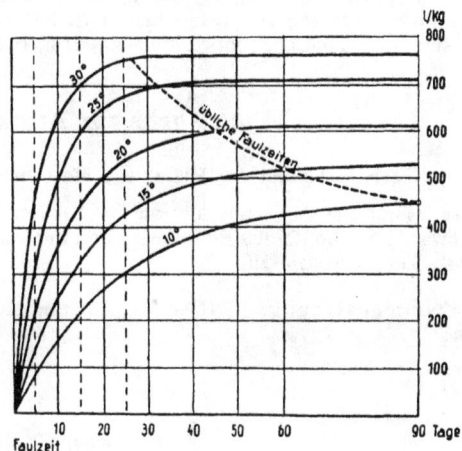

Bild 2. Gasentwicklung aus 1 kg organischen Stoffen des frischen Schlammes im reifen Faulraum bei verschiedenen Temperaturen nach Fair und Moore.

Die Forschung über die Entstehung der Gase im anaeroben Zersetzungsvorgang ist in zahlreichen älteren und neueren Veröffentlichungen niedergelegt. Die Arbeiten von Popoff [3], Hoppe-Seyler [4], Omeliansk [5], Winogradsky [5], Söhngen [6], Groenewege [7] suchen teils die Methanbildung, teils die Stickstoffbildung in Faulkammern zu erklären. Sehr wertvoll sind vor allem die Beiträge der beiden Essener Forscher Bach und Sierp [8], die frühere Versuche einer Kritik unterzogen und unsere Kenntnisse über die biochemischen Vorgänge hervorragend erweiterten.

Das Vorkommen des Methans soll auf die Spaltung von Alkoholen, Fettsäuren bzw. fettsauren Salzen zurückzuführen sein, u. a. nach den Gleichungen:

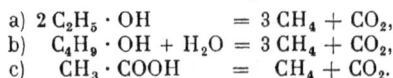

$$\text{a) } 2\,C_2H_5 \cdot OH = 3\,CH_4 + CO_2,$$
$$\text{b) } C_4H_9 \cdot OH + H_2O = 3\,CH_4 + CO_2,$$
$$\text{c) } CH_3 \cdot COOH = CH_4 + CO_2.$$

In den Fällen a) und b) entsteht ein Gasgemisch mit theoretisch 75 Vol.-% Methan (CH_4) und 25 Vol.-% Kohlensäure (CO_2,) im Falle c) ein solches mit gleichen Raumteilen CH_4 und CH_2.

Es ist auch die Ansicht begründet, daß eine Umsetzung von Wasserstoff mit Kohlensäure nach folgender Gleichung:

$$4\,H_2 + CO_2 = CH_4 + 2\,H_2O$$

zur Methanbildung führt. Eine weitere Möglichkeit liegt der Gleichung

$$2\,H_2 + CO_2 = CH_4 + 2\,O$$

zugrunde, wobei man annimmt, daß sich die Bakterien den Sauerstoff zunutze machen und Methan als Ausscheidungsprodukt abgeben.

Dem Ursprung des elementaren Stickstoffs im Faulgas ist Groenewege (a. a. O.) nachgegangen. Er stimmt nicht der Ansicht von Rubner, Gruber und Ficker [9] zu, daß Stickstoff durch Reduktion organischer Stoffe entsteht und führt an, daß die Nitrifikation des zunächst auftretenden Ammoniaks in Verbindung mit einer Denitrifikation die Stickstoffbildung zur Folge hat. Bach und Sierp (a. a. O.) bestreiten diese Annahme. Sie halten es nicht für erforderlich, daß elementarer Stickstoff auf dem Umweg über Nitrit entstehen muß.

Wasserstoff wird in den Gasen der alkalischen Faulung nur selten beobachtet. Er ist hingegen für die saure Gärung charakteristisch. Sein Auftreten in größeren Mengen wird als Anzeichen für den Übergang in die saure Gärung angesehen. Auffallend ist der hohe Anteil des Faulgases an Wasserstoff bei der Zersetzung von Traubenzucker mit Klärschlamm.

In mühevoller Arbeit haben Bach und Sierp (a. a. O.) den Abbau verschiedenster Stoffe studiert und Versuche durchgeführt, um den Ausfauleffekt zu steigern. Es kann als hinreichend bekannt vorausgesetzt werden, daß es nicht möglich ist, unter den Bedingungen der anaeroben Zersetzung eine restlose Vergasung der organischen Stoffe zu erreichen. Diese sind auch dann noch in wechselnden Mengen vorhan-

den, wenn die Gasbildung zum Stillstand gekommen ist. Über die Ursachen, die zur Beendigung der Gasentwicklung führen, äußern sich die beiden genannten Autoren etwa folgendermaßen:

Eine gewisse Bakteriengruppe verflüssigt die organische Substanz und führt sie in eine den anderen gasbildenden Bakterien geeignete Nahrungsform über. Beide Arten von Mikroorganismen nehmen an Zahl rasch zu, bis die Schlammflüssigkeit sich endlich so weit mit gelösten Gasen angereichert hat, daß die gasbildenden Bakterien durch ihre eigenen Stoffwechselprodukte in ihrer Wirksamkeit lahmgelegt werden und rückwirkend auch die Verflüssigung zum Stillstand bringen.

Eine weitere Möglichkeit ist die, daß die Gaserzeugung nur zu gewissen, heute noch nicht näher bestimmten Abbaustufen vor sich geht, worauf der weitere Abbau ohne Gasbildung erfolgt.

Wenn die erste Annahme zutrifft, liegt der Gedanke nahe, durch Beseitigung der Stoffwechselprodukte die Gasbildung neu zu beleben.

Bach (a. a. O.) hat durch Austausch des Schlammwassers die Zersetzung nicht mehr anregen können. Hingegen zeigte Blunck [10] in einem Versuch, daß durch gründliches Waschen des Schlammes etwa doppelt soviel Gas zu gewinnen war wie ohne Wassererneuerung.

Die Faulversuche des Verfassers, die im folgenden beschrieben sind, wurden in erster Linie ausgeführt, um die Ausfaulbarkeit von Gerbereischlamm festzustellen. Es fiel dabei regelmäßig auf, daß die Gasmengen, die der Gewichtseinheit eingebrachter organischer Trockensubstanz entsprechen, nicht an die in den oben erwähnten Gaskurven angegebenen heranreichten.

Zum Vergleich und zur Klarstellung der Ursachen wurden mehrere Versuche mit Klärschlamm anderer Art, u. a. städtischer Anlagen und gewerblicher Betriebe durchgeführt und in diesem Zusammenhang Beobachtungen über die Stickstoffbildung und das Verhalten chemisch gefällten Klärschlammes angeschlossen.

Bei allen Versuchen wurde grundsätzlich die Gesamtmasse durch ein engmaschiges Sieb gedrückt, um eine gleichmäßige Beschaffenheit zu gewährleisten, die Untersuchung unverzüglich angeschlossen und der Faulversuch am gleichen Tage begonnen. Während der Fauldauer blieb der Schlamm sich selbst überlassen. Sofern das Gas mengenmäßig erfaßt werden sollte, wurde es in einem geeichten Gasometer aufgefangen. Als Sperrflüssigkeit diente Wasser, das vor seiner Verwendung mit Kohlensäure gesättigt worden war und bei späteren Versuchen stets zu gleichen Zwecken benutzt wurde. Auf dem Sperrwasser lag eine Schicht Paraffinöl, um die Diffusion des Gases in das Wasser weiter herabzusetzen.

Als Faultemperaturen wurden neben der Zimmertemperatur 30 und 46° gewählt, da bei der letzteren nach den Versuchen von Sierp sich ein Optimum ausbildete.

A. Versuche zur Ausfaulung städtischen Klärschlammes[1])

1. Frischschlamm der Kläranlage Meerane

Der Kläranlage der Stadt Meerane in Sachsen fließen die Abwässer von rd. 25 000 Einwohnern und der stark vertretenen Textilindustrie zu.

Zusammensetzung: In 100 g Naßschlamm sind enthalten:

pH-Wert (n. Wulff) 7,2
Wasser . . . . 92,83 g
Trockensubstanz . . . . . . 7,17 g
davon mineral. . . . . . . 3,589 g = 50,06% der Tro.
davon organ. . . . . 3,581 g = 49,94% der Tro.

Verhältnis $\frac{\text{min.}}{\text{org.}}$ Trockensubstanz $= 1 : 0,9974$

Gesamtstickstoff (n. Kjeldahl) 183,2 mg N
davon ungelöst . . . . . . 151,68 mg N
davon gelöst . . . . 31,52 mg N
Ammoniakstickstoff . . . . 30,22 mg N
Chloride Cl . . . . 22,3 mg
Nitrate und Nitrite . . . . nicht nachweisbar

Gleiche Schlammengen — je 800 g, davon 10% Impfschlamm — wurden in drei Versuchen angesetzt, und zwar:

Probe Nr. 1a bei Zimmertemperatur, 18 bis 20°, im Sommer kurze Zeit 24°,

Probe Nr. 1b bei 30°,

Probe Nr. 1c bei 46°.

---

[1]) Die Kläranlagen Meerane, Plauern und Greiz sind Anlagen des Weißelsterverbandes.

Die Schaulinien des Bildes 3 zeigen den Faulverlauf auf.

Die Gasentwicklung beim Versuch 1 a begann in den ersten 3 Wochen träge, wurde vom 27. Tage an sichtlich stärker, erfuhr vom 70. Tage eine nochmalige Zunahme und hielt sich weitere 40 Tage etwa auf der gleichen Höhe. Bis dahin hatten sich 84% der Gesamtgasmenge gebildet. Die tägliche Gasmenge nahm dann rasch ab und setzte gegen Ende der Versuchszeit bisweilen mehrere Tage gänzlich aus.

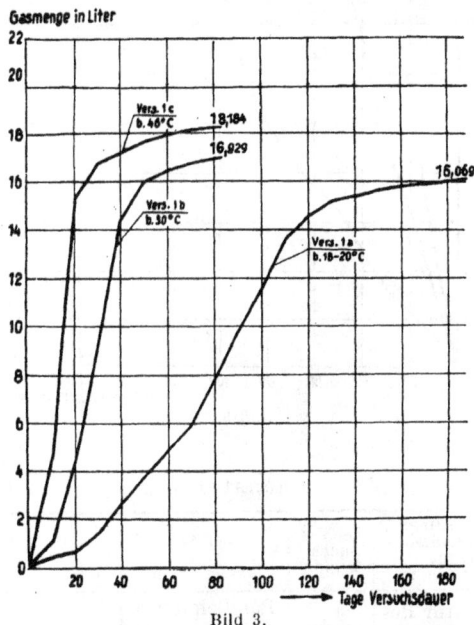

Bild 3.

Bei 30⁰ (Versuch 1 b) war die Anlaufzeit am 9. Tage überwunden. Die Zersetzung war bis zum 42. Tage gleichmäßig, und die Ausbeute betrug bis dahin etwa 88% der Endgasmenge.

Bei 46⁰ (Versuch 1 c) begann der Anstieg nach den ersten 4 Tagen sehr rasch, ging jedoch vom 18. Tage, bis zu dem ebenfalls 88% der gesamten Gasmenge gemessen wurden, ebenso schnell zurück.

Bei Abbruch der drei Versuche war die tägliche Gasmenge so gering geworden, daß das Ergebnis durch die weitere Fortführung der Versuche nicht wesentlich beeinflußt worden wäre. In allen Fällen erwies sich das Gas als brennbar.

Zusammenstellung 1.

Versuchsbedingung und Zusammensetzung des Schlammes	bei Versuchs- beginn	bei Abbruch des Versuches		
		1a	1b	1c
Temperatur des Ver- suches. . . . . ⁰C	—	20	30	46
Versuchsdauer . Tage	—	188	83	83
Aufgefangene Gesamt- gasmenge . . . cm³	—	16 069	16 929	18 184
pH-Wert (nach Wulff)	7,2	—	—	—
Trockensubstanz . . g	57,36	43,46	42,244	39,859
davon { mineralisch g	28,712	28,684	28,393	27,790
organisch g	28,648	14,776	14,051	12,069
Verh. $\frac{min.}{org.}$ Trockens.	1:0,9974	1:0,5151	1:0,4949	1:0,4343
Gesamt-N n. Kjeld. mg	1466	1475	1469	1476
ungelöst mg	1213,8	792,8	733,91	518,83
gelöst mg	252,2	682,2	736,09	957,17
Ammoniak-N . . mg	241,8	666,3	714,59	898,4
Im Schlammwasserfiltrat waren enthalten:				
Gelöste Stoffe . . mg	—	1865	1554	1547
davon { mineral. mg	—	1468,8	1161	987,5
organisch mg	—	396,4	393	559,5
Chloride Cl . . . mg	178	—	—	—
Nitrate und Nitrite .	nicht nachwb.	nicht nachwb.	nicht nachwb.	nicht nachwb.

Der Schlamm war in seiner Farbe tief schwarz und roch ausgefault.

Die ermittelten Zahlen bedürfen einer kritischen Betrachtung, da Fehler, die in der Methode der analytischen Bestimmung liegen, unvermeidlich sind. Sie entstehen bei der Ermittlung der Trockenrückstände, die allgemein etwas zu niedrig sind. Die Ammoniumverbindungen, die nach ihrem Wesen dem mineralischen Trockenrückstand zuzurechnen sind, gehen zum überwiegenden Teil infolge ihrer leichten Flüchtigkeit schon dem Trocken- und Abdampfrückstand verloren und erniedrigen letzten Endes den Anteil der Mineralien. Sie erhöhen jedoch hierdurch scheinbar die Menge der vergasten organischen Trockensubstanz. Zur Feststellung der entwickelten »wahren« Gasmenge, d. i. diejenige, die neben der gemessenen auch die gelöste und chemisch gebundene einschließt — vornehmlich Kohlensäure —, wären Zuschläge erforderlich gewesen. Diese Menge hat doch nur theoretisches Interesse; sie tritt praktisch nicht in Erscheinung. Zudem könnten diese Verbesserungen das Endergebnis und die praktischen Schlußfolgerungen nicht beeinflussen.

Bei der weiteren Verwendung der vorstehenden und folgenden Versuchsergebnisse ist die Mineralsubstanz mengenmäßig in der gleichen Höhe angenommen worden wie sie am Beginn des Versuches eingewogen wurde.

2. Frischschlamm der Kläranlage Meerane

Zusammensetzung: In 100 g Naßschlamm sind enthalten:

pH-Wert (n. Wulff)	7,3	
Wasser	91,93 g	
Trockensubstanz.	8,17 g	
davon { mineral.	4,79 g	= 58,61% der Tro.
organ.	3,38 g	= 41,39% der Tro.

Verhältnis $\frac{min.}{org.}$ Tro. = 1:0,7060

Gesamtstickstoff (n. Kjeldahl)	209	mg N
davon { ungelöst	167,5	mg N
gelöst	41,5	mg N
Ammoniakstickstoff . . .	38,9	mg N
Gelöste Stoffe (Abdampfrück- stand)	764,5	mg
davon { mineral.	435,7	mg
organ.	328,8	mg
Nitrate und Nitrite	nicht nachweisbar.	

Die Versuche 2 a bis 2 c, die je 900 g Schlamm enthielten, wurden gleichfalls bei Zimmerwärme (i. M. 20⁰), bei 30 und 46⁰ durchgeführt. Die Zugabe von Impfschlamm unterblieb.

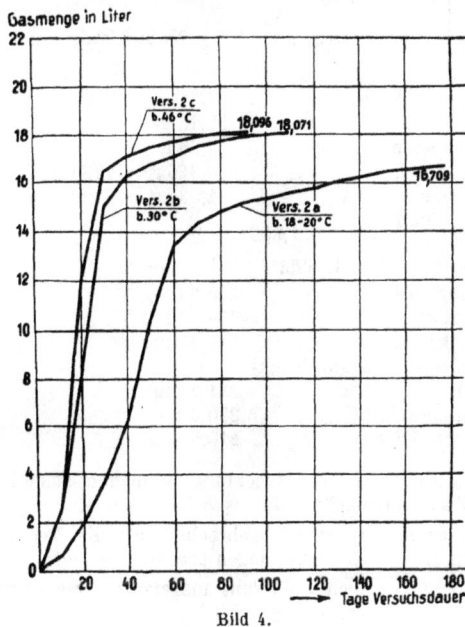

Bild 4.

Bild 4 stellt den Verlauf der Gasentwicklung dar. Auffallend war, daß die Zersetzung schneller an Boden gewann, als es ohne Impfung zu erwarten war. Allem Anschein nach hängt das damit zusammen, daß der Frischschlamm durch die noch vorhandenen Einzelkläranlagen bereits stark infiziert ist.

Nachdem die Zersetzung weitgehend beendet war, ergab sich folgendes Bild:

Zusammenstellung 2.

Versuchsbedingung und Zusammensetzung des Schlammes	bei Versuchs- beginn	bei Abbruch des Versuches		
		2 a	2 b	2 c
Temperatur des Versuches . . . . °C	—	20	30	46
Fauldauer . . . Tage	—	177	110	95
Aufgefangene Gasmenge . . . . cm³	—	16 709	18 071	18 096
pH-Wert (nach Wulff)	7,3	7,7	—	7,6
Trockensubstanz . . g	73,53	59,301	58,635	57,213
davon { mineralisch g	43,10	42,578	42,399	42,47
davon { organisch . g	30,43	16,723	16,236	14,743
Verh. $\frac{min.}{org.}$ Trockens.	1 : 0,7060	1:0,3928	1:0,3829	1:0,3472
Gesamtstickstoff (nach Kjeldahl) . . mg N	1881	1882	1883,7	1886,4
davon { ungelöst mg	1507,5	970,8	882,5	659,3
davon { gelöst . mg	373,5	911,2	1001,2	1227,1
Ammoniakstickstoff mg N	350,1	896,7	986,5	1168,1
Im Schlammwasserfiltrat waren enthalten:				
Gelöste Stoffe . . mg	6880,4	2469	2412,6	2454,6
davon { mineral. mg	3921,6	1735,6	830,8	969,2
davon { organisch mg	2958,8	733,4	830,8	969,2
Chloride Cl . . . mg	285	—	—	—
Nitrate und Nitrite .	285 nicht nachwb.	nicht nachwb.	nicht nachwb.	nicht nachwb.

3. Frischschlamm der Kläranlage Greiz

An die Kläranlage sind etwa 30 000 Einwohner und eine große Anzahl von Färbereien und Textilfabriken angeschlossen.

Die dritte Versuchsreihe umfaßt vier Proben mit je 700 g Naßschlamm — davon 50% Impfschlamm — und zwar:

Probe 3 a und 3 b: bei i. M. 20⁰ (Zimmertemp.),
Probe 3 c: bei 30⁰,
Probe 3 d: bei 46⁰.

Zusammensetzung: In 100 g Naßschlamm sind enthalten:

pH-Wert (n. Wulff) 7,3
Wasser . . . . 92,12 g
Trockensubstanz . . . . . . 7,88 g
davon mineral. . . . . . 3,346 g = 42,46% d. Tro.
davon organ. . . . . . . 4,534 g = 57,54% d. Tro.
Verhältnis $\frac{min.}{org.}$ Tro. 1:1,355
Gesamtstickstoff (n. Kjeldahl) 390 mg N
davon ungelöst . . . . . 255,23 mg N
davon gelöst . . . . . . 134,77 mg N
Ammoniakstickstoff . . . . 111,24 mg N
Gelöste Stoffe (Abdampfrückstand) . . . . 731,2 mg
davon mineral. . . . . . . 320,6 mg
davon organ. . . . . 410,6 mg.

Der Verlauf der Gasentwicklung ist in den Schaulinien des Bildes 5 dargestellt.

Die Versuche wurden abgebrochen, als die Vergasung unter den gegebenen Bedingungen praktisch beendet schien.

Der Schlamm roch wiederum ausgefault. Das Gas war in jedem Falle brennbar.

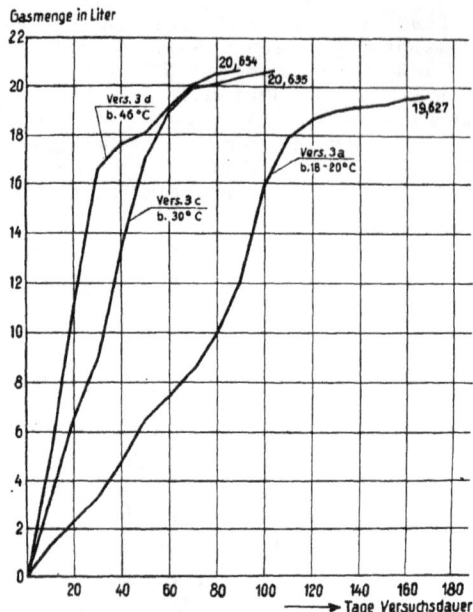

Bild 5.

Zusammenstellung 3.

Versuchsbedingung und Zusammensetzung des Schlammes	bei Versuchs- beginn	bei Abbruch des Versuches			
		3 a	3 b	3 c	3 d
Temperatur des Versuches °C	—	Parallelproben bei 20		30	46
Fauldauer . . .	—	169 T.		104 T.	90 T.
Aufgefangene Gasmenge cm³	—	19 627	19 254	20 635	20 654
pH-Wert (nach Wulff) . .	7,3	—	—	7,7	—
Trockensubstanz . . . g	55,16	36,12	36,575	34,412	34,993
davon { miner. g	23,422	22,586	22,702	22,538	22,273
davon { organ. g	31,738	13,534	13,873	11,874	12,72
Verh. $\frac{min.}{org.}$ Tro.	1:1,355	1:0,5992	1:0,6112	1:0,5268	1:0,5712
Gesamtstickstoff . mg N (n. Kjeldahl)	2730	2733	2716	2729	2679
davon { ungelöst	1786,6	909	928	795,5	700,5
davon { gelöst .	943,4	1824	1788	1933,5	1958,5
Ammoniakstickstoff . mg N	778,7	1795	1759	1892,8	1922,5
Im Schlammwasserfiltrat waren enthalten:					
Gelöste Stoffe mg	5118,7	1925,3	1857,6	1837	1995
davon { miner. g	2244	1020,7	1011,7	990	997,5
davon { organ. g	2874,7	904,6	845,9	847	997,5
Chloride . Cl mg	186	—	—	—	—
Nitrate und Nitrite. . . .	nicht nachwb.	nicht nachwb.	nicht nachwb.	nicht nachwb.	nicht nachwb.

4. Frischschlamm der Kläranlage Plauen i. V.

Der Anteil des häuslichen Abwassers tritt mit 17% gegenüber den Zuflüssen aus der reich entwickelten Textilindustrie stark zurück. In seiner Art unterscheidet sich aber der Schlamm nicht sonderlich von dem der vorgenannten Anlagen Meerane und Greiz.

Zwei Faulproben 4 a und 4 b wurden bei Zimmertemperatur durchgeführt. Während des Zersetzungsvorganges erhielten beide Proben je zwei Frischschlammzugaben. Nach der letzten Zufuhr wurde die Gasentwicklung bis zum fast völligen Stillstand weiterverfolgt und darauf die Versuche nach insgesamt 227 Tagen beendet.

Zusammenstellung 4.

Versuch Nr.	4a		4b	
Schlammzugabe	organ.	mineral.	organ.	mineral.
Bei Beginn des Versuches in g Trockensubstanz	21,55	22,40	21,55	22,40
Am 30.Versuchstage in g Tro.	6,67	5,06	6,67	5,06
Am 168.Versuchstage in g Tro.	12,695	12,723	13,017	13,046
Eingebrachte Gesamttrockensubstanz in g . . .	40,915	40,183	41,237	40,506
Organ. Anteil in % der Trockensubstanz				
1. des Frischschlammes . . .	50,45		50,45	
2. des ausgefault. Schlammes	33,24		32,84	
Aufgefangene Gasmengen in cm³	22 669		22 713	

Die Gasentwicklung verlief bei beiden Versuchen gleichmäßig.

Der ausgefaulte Schlammrest enthielt nur noch rd. 33% organische Trockenmasse, was mit einer Verminderung um etwa 52% gleichbedeutend ist.

Das Gas, in dem Schwefelwasserstoff nicht wahrnehmbar war, war in jedem Falle brennbar.

Ausgefaulter Schlamm hat im Vergleich zum Frischschlamm im Wassergehalt und in der Trockensubstanz wichtige Veränderungen erfahren.

Der vom Boden von Faulräumen abgelassene ausgefaulte Schlamm ist wasserarm, er hat im Mittel 85 bis 87% Wassergehalt. In der Hauptsache beruht hierauf seine Volumenverminderung. Trotz des geringen Wassergehaltes bleibt er im Gegensatz zum frischen Schlamm flüssig.

Die Trockensubstanz ist mengenmäßig geringer geworden. Die Abnahme ist zum überwiegendsten Teil auf den Rückgang des organischen Anteils zurückzuführen, doch bleiben die Reduktionsvorgänge nicht ohne Einfluß auf die glühbeständigen Salze, z. B. auf die Sulfate. Es zeigen sich bei der Durchsicht der Ergebnisse mit steigenden Faultemperaturen größere Abnahmen des Glührückstandes zwischen 0,1 und 4,9%.

Bach und Sierp haben bei ihren Versuchen gleichfalls Veränderungen des Glührückstandes festgestellt. Neben Abnahmen bis zu 13% beobachteten sie jedoch auch Zunahmen bis 86%, für die sie keine Erklärung hatten.

Sehr viel größeres Interesse beansprucht die Zehrung der organischen Substanz und ihre Abhängigkeit von der Gasausbeute. In der folgenden Zusammenstellung 5 sind die Versuche 1a bis 4b und fünf weitere (Nr. 5a bis 5d und 6), die im vorstehenden nicht näher beschrieben sind, unter diesem Gesichtspunkt betrachtet.

Zusammenstellung 5.

Versuch Nr.	1a	1b	1c	2a	2b	2c
Schlamm der Kläranlage	Meerane			Meerane		
Fauldauer in Tagen	188	83	83	177	110	95
Temperatur . . . °C	20	30	46	20	30	46
Gemess. Gasmenge cm³	16 069	16 929	18 184	16 709	18 071	18 096
Eingebrachte org. Tro. . . . . g	28,648			30,430		
davon { vergast . g	13,848	14,428	16,168	13,499	13,926	15,464
{ vergast . %	48,3	50,4	56,4	44,4	45,8	50,8
Auf 1 g eingebrachte org. Tro. entfallen cm³ Gas . . .	561	591	635	549	594	595
1 g org. Tro. liefert v. d. restl. Vergasung cm³ Gas . .	1160	1173	1125	1237	1297	1170

Fortsetzung von Zusammenstellung 5

Versuch Nr.	3a	3b	3c	3d	4a	4b
Schlamm der Kläranlage	Greiz				Plauen	
Fauldauer in Tagen	169	169	104	90	227	227
Temperatur . . . °C	20	20	30	46	20	20
Gemess. Gasmenge cm³	19 627	19 254	20 635	20 654	22 669	22 713
Eingebrachte organ. Tro., . g	31,738				40,915	40,506
davon { vergast . g	17,702	17,421	19,398	18,358	20,907	21,432
{ vergast . %	55,8	54,9	61,1	57,8	51,1	52,9
Auf 1 g eingebrachte org. Tro. entfallen cm³ Gas	618	607	650	651	554	561
1 g org. Tro. liefert b. d. restl. Vergasung cm³ Gas . .	1108	1105	1063	1125	1084	1059

Versuch Nr.	5a	5b	5c	5d	6
Schlamm der Kläranlage	Greiz				
Fauldauer in Tagen	60	186	186	186	60
Temperatur . . . °C	30	20	20	20	30
Gemess. Gasmenge cm³	7187	nicht gemessen			5627
Eingebrachte org. Tro. . . g	12,322				9,28
davon { vergast . g	6,995	7,203	7,209	7,085	5,197
{ vergast . %	56,8	58,5	58,5	57,5	56,0
Auf 1 g eingebrachte org. Tro. entfallen cm³ Gas	583	(600)*	(600)*	(590)*	606
1 g org. Tro. liefert b. d. restl. Vergasung cm³ Gas . .	1027	—	—	—	1082

*) Gasmengen berechnet aus dem Ergebnis des Parallelversuches Nr. 5 a.

Aus der Tatsache, daß von der in den Faulraum gelangten organischen Masse nur Teilbeträge vergasen, geht hervor, daß sie den Methanbakterien in verschiedenem Maße zugänglich ist. Ein Teil der organischen Masse wird leicht angegriffen und vergast, ein anderer schwerer und ein gewisser Rest kommt für die Gasbildung nicht in Betracht, da er praktisch während der Zeitspanne, die er im Faulbehälter verweilt, unzersetzbar ist.

Bethge [11] beschreibt einen Versuch, der bereits seit 14 Jahren Faulgas entwickelt und dessen Gasbildung voraussichtlich noch Jahrzehnte andauern wird.

Von dem Verhältnis dieser organischen Verbindungen zueinander hängt es ab, welche Gasausbeute letzten Endes überhaupt erreichbar ist. Daraus erklärt sich, daß die auf 1 g frische organische Substanz entfallende Gasmenge bei gleicher Temperatur von Fall zu Fall verschieden sein muß.

Sofern der Anteil der gasbildenden und leicht zersetzbaren organischen Substanz gering ist, wird sie die in dem oben erwähnten Mengenkurven dargestellten Werte nicht erreichen können, im anderen Falle wird sie diese auch überschreiten.

Es ist auch einleuchtend, daß die mit dem Sammelbegriff »organische Substanz« bezeichnete Masse des Klärschlammes ein vielfältiges Gemisch einfacher und hochmolekularer chemischer Verbindungen darstellt, die wiederum nach ihrer Herkunft sehr unterschiedlich sein können. Vergasen diese verschiedenartigen Substanzen in einem Faulraum, dann entwickelt 1 g organische Trockensubstanz dementsprechend verschiedene Gasmengen, die ebenfalls in ihrer Zusammensetzung schwanken. Art und Menge des Gases hängen letzten Endes von der elementaren Zusammensetzung der vergasten Masse ab.

Von dieser Feststellung ausgehend, ergeben sich Beziehungen zwischen der Gasausbeute und der Menge der vergasten organischen Trockensubstanz.

Die Gasmenge, die 1 g organischer Trockensubstanz bei vollständiger Vergasung unter den anaeroben Bedingungen des Faulvorganges liefert, ist im folgenden als »spezifische Gasmenge« bezeichnet.

Sie ist für jeden eindeutigen organischen Körper eine absolut feststehende Zahl, die sich theoretisch aus seiner chemischen Formel ermitteln ließe, wenn die anaeroben Vorgänge der Vergasung hinreichend bekannt wären.

Für einige einfache Verbindungen wird im folgenden die spezifische Gasmenge ermittelt.

1. Glykokoll $CH_2 \cdot NH_2 \cdot COOH$
   $4 CH_2 \cdot NH_2 \cdot COOH + 2 H_2O =$
   $3 CH_4 + CO_2 + 4 CO_2 + 4 NH_3$
   gasförmig! gebunden!
   300,2 g liefern 89,6 l Gas mit
   75 Vol.-% Methan und 25 Vol.-% Kohlensäure.

   Spezifische Gasmenge: 298,4 cm³.

2. Alanin $CH_3 \cdot CH(NH)_2 \cdot COOH$
   $2 CH_3 \cdot CH \cdot (NH_2)_2 \cdot COOH + 2 H_2O =$
   $3 CH_4 + CO_2 + 2 CO_2 + 2 NH_3$
   gasförmig! gebunden!
   178,12 g liefern 89,6 l Gas mit
   75 Vol.-% Methan und 25 Vol.-% Kohlensäure.

   Spezifische Gasmenge: 503 cm³.

3. Essigsäure $CH_3 \cdot COOH$
   $CH_3 \cdot COOH \longrightarrow CH_4 + CO_2.$
   60,03 g ergeben 44,8 l Gas mit
   je 50 Vol.-% Methan und Kohlensäure.

   Spezifische Gasmenge: 746,2 cm³.

4. Äthylalkohol $C_2H_5 \cdot OH$
   $2 C_2H_5 \cdot OH \longrightarrow 3 CH_4 + CO_2.$
   92,1 g ergeben 89,6 l Gas mit
   75 Vol.-% Methan und 25 Vol.-% Kohlensäure.

   Spezifische Gasmenge: 972,8 cm³.

5. Buttersäure $C_3H_7 \cdot COOH$
   $2 CH_3 \cdot CH_2 \cdot CH_2 \cdot COOH + 2 H_2O \longrightarrow$
   $\longrightarrow 5 CH_4 + 3 CO_2.$
   176,12 g liefern 179,2 l Gas mit
   62,5 Vol.-% Methan und 37,5 Vol.-% Kohlensäure.

   Spezifische Gasmenge: 1017 cm³.

6. Butylalkohol $C_4H_9 \cdot OH$
   $C_4H_9 \cdot OH + H_2O \longrightarrow 3 CH_4 + CO_2.$
   74,08 g ergeben 89,6 l Gas mit
   75 Vol.-% Methan und 25 Vol.-% Kohlensäure.

   Spezifische Gasmenge: 1209 cm³.

7. Stearinsäure $CH_3 \cdot (CH_2)_{16} \cdot COOH$
   $CH_3 \cdot (CH_2)_{16} \cdot COOH + 8 H_2O \longrightarrow$
   $= 13 CH_4 + 5 CO_2.$
   284,29 g liefern 403,2 l Gas, die aus
   72,2 Vol.-% Methan und 27,8 Vol.-% Kohlensäure bestehen.

   Spezifische Gasmenge: 1418 cm³.

Wie diese Beispiele z. T. zeigen, bleibt ein Teil der Kohlensäure chemisch an Ammoniak gebunden. Das restliche Gasvolumen, die spezifische Gasmenge, kann praktisch vollständig aufgefangen werden, da Kohlensäure und Methan infolge ihrer Löslichkeit mehr oder weniger im Schlammwasser verbleiben. Im Endergebnis verschiebt sich die Zusammensetzung des auffangbaren Faulgases zugunsten des wertvolleren Methans.

Es ist zudem beachtenswert, daß die spezifische Gasmenge für Fettsäuren mit der Anzahl der Kohlenstoffatome zunimmt. Für die wichtigsten Säuren, von der Buttersäure mit 4 C-Atomen bis zur Stearinsäure mit 18 C-Atomen, steigt sie allmählich von 1017 bis auf 1418 cm³/g.

Bei den 14 untersuchten Proben städtischen Klärschlammes liegt die spezifische Gasmenge zwischen 1027 und 1297 cm³, i. M. 1130 cm³.

Offensichtlich ist diese Menge von der Zeitdauer und der Temperatur gar nicht oder zumindest nur wenig abhängig, sondern wird von Art und Herkunft des Schlammes bestimmt. Es ist allenfalls noch der Schluß zulässig, daß bei höherer Temperatur geringe Abnahmen der spezifischen Gasmengen stattfinden. Daraus ließe sich ableiten, daß die schwerer vergasbaren Verbindungen, die bei höherer Faultemperatur und längerer Zeitdauer verständlicherweise stärker in Mitleidenschaft gezogen werden, geringere spezifische Gasmengen zu liefern vermögen.

Hierfür soll als Beispiel später noch die Ausfaulung von Belebtschlamm erwähnt werden.

Die Frage, welche Gasmenge für Schlamm aus städtischen mechanischen Sammelkläranlagen spezifisch ist, ließe sich nach dem vorliegenden Untersuchungsmaterial dahingehend beantworten, daß etwa 1,1 bis 1,2 l/g entstehen. Für die Praxis ist es ohne Zweifel besser, die kleinere Zahl zu verwenden, um die Auswaschungen der Kohlensäure und zum geringeren Teile auch des Methans zu berücksichtigen.

Drei Beispiele sollen im folgenden erläutern, welcher Einfluß der spezifischen Gasmenge auf die Gasausbeute zukommt.

Es sei angenommen, daß drei verschiedenartige Schlammproben — d. h. mit verschiedenen spezifischen Gasmengen — von je 100 g organischer Trockenmasse unter den gleichen äußeren Bedingungen vergärt werden. Je 60% der eingebrachten organischen Substanz vergasen. Es ergibt sich dann folgendes Bild:

Versuch	a	b	c
Eingebrachte org. Trockensubstanz . . . . . . g	100	100	100
davon vergast . . . . . g	60	60	60
Spezifische Gasmenge . . l	1,5	1,2	0,8
Gemessene Gasmenge demnach l	60 × 1,5 = 90	60 × 1,2 = 72	60 × 0,8 = 48
Auf 1 g eingebrachte org. Tro. des Frischschlammes entfallen cm³ Gas	900	720	480

Unter völlig gleichen Voraussetzungen entstehen lediglich bedingt durch die verschiedene spezifische Gasmenge sehr wesentliche Unterschiede in der Gasausbeute, bezogen auf die Einheit der organischen Frischmasse, und zwar 900, 720 bzw. 480 cm³/g.

Bei Annahme einer spezifischen Gasmenge von 1,1 l läßt sich sowohl aus den Zahlen der Sierpschen Gaskurve als auch aus den Werten, die Fair und Moore angeben, die prozentuale Abnahme der organischen Trockenmasse durch die Vergasung bei den verschiedenen Temperaturstufen berechnen:

Abnahme der organischen Substanz in % durch die Vergasung bei verschiedenen Temperaturstufen

Faultemperatur °C	10	15	20	25	30	37	45	55
nach Sierp	5,6	21,5	44,1	63	67,3	59,7	79,7	78,2
nach Fair und Moore .	41	48,2	55,5	64,5	69,1	—	—	—

Die Unterschiede in den Angaben über den Ausfaulungsgrad, die zwischen 10 bis 20° sehr groß sind, lassen sich auf die Versuchsanordnung zurückführen.

Sierp arbeitete mit einem Schlamm, der 50% Impfschlamm enthielt. Die amerikanischen Beobachtungen sind hingegen an einem reifen Faulraum vorgenommen, in dem das Mengenverhältnis des Impfschlammes zum Frischschlamm sehr viel günstiger gewesen ist und die Massenwirkung des Impfschlammes sich daher geltend machen konnte.

Der Gasanfall (l/ET) auf Kläranlagen läßt sich in Abhängigkeit von der Temperatur aus den Schaulinien des Bildes 6 entnehmen. Es liegt hierbei die obenstehende Zahlentafel über die Abnahme der organischen Substanz durch die Vergasung zugrunde bei einer täglichen Durchschnittsmenge von 40 g organischer Schlammtrockensubstanz/Einwohner und einer spezifischen Gasausbeute von 1,1 l für häuslichen Schlamm.

Bezüglich der Unterschiede in den Gasmengen bei Temperaturen bis 20° muß nochmals auf die oben erwähnte verschiedenartige Versuchsanordnung hingewiesen werden.

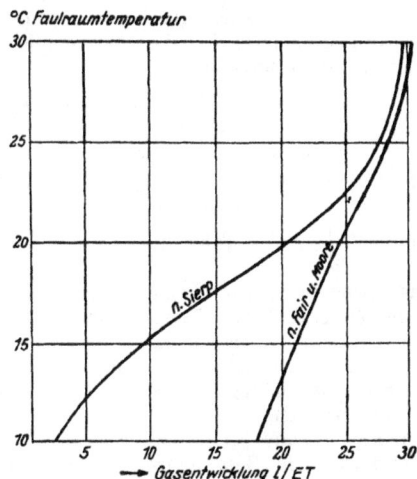

Bild 6.

Was das Zeitmaß der Gasentwicklung betrifft, so entsprechen die Schaulinien für Kleinversuche keineswegs dem Faulverlauf im Großbetrieb. Sie können lediglich als Vergleiche für gleichartige Versuche herangezogen werden. Im großen eingearbeiteten Faulraum, in dem der Frischschlamm auf eine ungleich größere Impfschlammenge trifft, beginnt die Vergasung unmittelbar nach der Zugabe. Die Gasmenge erreicht sofort die höchsten Werte und fällt langsam ab, falls bis dahin keine weitere Zufuhr erfolgt ist. Eine Einarbeitungszeit, die sich durch den mehr oder weniger flachen Verlauf der Gaskurven am Versuchsanfang kenntlich macht, ist im laufenden Großbetrieb nicht mehr vorhanden. Die Linien, die Fair und Moore angeben (Bild 2), entsprechen den wahren Verhältnissen in eingearbeiteten großen Faulräumen.

Der Endzustand, dem der gleiche Frischschlamm entgegenstrebt, ist nach eigenen Versuchen nahezu unabhängig von der Impfschlammenge und daher im Groß- wie im Kleinversuch fast der gleiche. Unterschiede bestehen in der Faulzeit, die im wissenschaftlichen Kleinversuch länger sein muß, um damit das ungünstige Verhältnis zwischen Impf- und Frischschlamm auszugleichen.

Wenn nun die organische Substanz als Quelle des Faulgases einwandfrei feststeht, so ist die Entstehungsweise der einzelnen Gasbestandteile noch nicht hinreichend klar.

Die Umwandlungsformen des Stickstoffes im anaeroben Zersetzungsvorgang, insbesondere sein Auftreten in elementarer Form im Faulgas, hatten daher bald Anlaß zu Untersuchungen gegeben [3, 5, 7, 8, 9].

Während die drei anderen Gase — Methan, Kohlensäure und Wasserstoff — in einer gewissen Regelmäßigkeit auftreten, erscheint Stickstoff in unregelmäßig, wechselnden Mengen, und das jeweilige Stadium des Faulvorganges scheint mit dem Stickstoffgehalt des Gases keinen Zusammenhang aufzuweisen.

Falls der elementare Stickstoff des Faulgases seinen Ursprung im Stickstoffgehalt der organischen Stoffe hatte, mußte eine ständige Abnahme des Gesamtstickstoffs die Folge sein. Zwischen der in den Faulbehälter zu Beginn eingebrachten Stickstoffmenge und der bei Abbruch des Versuches wieder vorgefundenen mußten dann mit zunehmenden Ausfaulungsgrad Fehlbeträge feststellbar werden. Nach den Ergebnissen der drei ersten Versuchsreihen war dies bei den verschiedenen Temperaturen nicht der Fall — von kleinen Abweichungen abgesehen, die sich beim Arbeiten mit einer so unhomogenen Masse, wie sie der Schlamm darstellt, einschleichen können.

Es kann also festgestellt werden, daß der Stickstoff des Faulgases nicht durch Reduktion der organischen Substanz entsteht, da der gesamte Stickstoffhaushalt unverändert blieb.

Die ungelösten organischen N-Verbindungen nehmen mengenmäßig zwar ab, werden jedoch nur in gelöste Form übergeführt und dabei weitgehend »mineralisiert«, d. h. in N-Verbindungen verwandelt — Ammonkarbonat oder bikarbonat —, die außerhalb der Reihe der organischen Verbindungen stehen. Daneben nehmen mit steigender Faultemperatur auch die gelösten organischen Stickstoffverbindungen zu, wie im weiteren Sinne auch die gesamte gelöste organische Substanz. Auffallend ist hingegen die Abnahme der gelösten glühbeständigen Mineralsubstanz, was mit dem Rückgang des Gesamtglührückstandes des Schlammes im Zusammenhang zu stehen scheint.

Nitrite sind am Ende der Versuche im Schlammwasser nicht festgestellt worden. Damit erscheinen die Beobachtungen von Bach und Sierp zutreffend, daß ihre Bildung ohne Luftzutritt ausgeschlossen ist.

Zur Frage der Stickstoffbildung ist es denkbar, daß Stickstoffgas, wo es im Klärgas beobachtet wird, durch die chemische Wechselwirkung zwischen Ammonsalzen (oder auch Harnstoff) und Nitrit entsteht:

$$NH_4' + NO_2' = N_2 + 2 H_2O.$$

Es wurden zwei Proben unter gleichen Bedingungen angesetzt. Nachdem die Gasentwicklung gleichmäßig über 14 Tage verlaufen war, erhielt eine der beiden Proben in gewissen Abständen vier Natriumnitritgaben von insgesamt 203 mg N. Nach dem ersten Zusatz verschwand die Schwimmdecke für die nächsten zwei Tage. Die Gasentwicklung ging schlagartig zurück, stieg dann allmählich wieder an, bis endlich vom 12. bis 15. Tage der tägliche Gasanfall den der unveränderten Parallelprobe übertraf. Die nächsten drei Zugaben haben die Gasentwicklung nicht mehr so ausgeprägt beeinflussen können. Im allgemeinen war der Gasanfall sogar höher, wenn auch der Unterschied in der Gesamtgasmenge zwischen beiden Proben, der auf den ersten Nitritzusatz entstand, in der Gesamtfauldauer von 98 Tagen nicht mehr ausgeglichen werden konnte.

Im Gesamtstickstoff zeigte sich folgendes:

In der unveränderten Probe betrug der Gesamt-N nach wie vor 894 mg. In der zweiten Probe hatte sich dieser Wert auf 934 mg erhöht. Nitrite waren am Schluß in keiner Probe nachweisbar. Der größere Teil der Nitritmenge (etwa 60%) war reduziert, der Rest war analytisch nicht mehr faßbar und muß sich nach der oben erwähnten Ionengleichung chemisch umgesetzt haben. Auf die aufgefangene Gasmenge bezogen, errechnet sich in Volumenhundertteilen ein mittlerer N_2-Gehalt von 2,9.

Nitrite können demnach die Ursache der Stickstoffbildung sein. Sie entstehen, wenn andere Möglichkeiten infolge Sauerstoffmangels fehlen, durch Reduktion von Nitraten im Faulraum und lösen dann die erwähnte chemische Reaktion aus.

Die wichtigste Quelle für den elementaren Stickstoff im Faulgas nach Ansicht des Verfassers ist aller Wahrscheinlichkeit nach die Luft, die mit dem Frischschlamm in den Faulraum gelangen kann.

Die Stickstoffverluste, die der Faulschlamm erfährt, haben weniger ihre Ursachen in dem N_2-Gehalt des Gases, sondern sind vielmehr in der Eindickung bzw. Entwässerung des Schlammes zu suchen. Durch die Trennung des Wassers von den Fettstoffen, die im Faulraum beginnt und auf den Trockenbeeten praktisch vollendet wird, geht der größte Teil der Stickstoffverbindungen verloren.

Für die Versuchsreihen 1 bis 2 ergeben sich folgende Verluste an Stickstoff beim Vergleich des ausgefaulten, auf 50% Wassergehalt getrockneten Schlammes mit Frischschlamm gleichen Feuchtigkeitsgehaltes:

bei 20° C: 32 bis 33% N Abnahme,
» 30° C: 37 » 38% N »
» 46° C: 52 » 54% N »

In der dritten Versuchsreihe sind die Verluste noch etwas höher und betragen für die entsprechenden Temperaturen 46, 52 bzw. 57% Stickstoff.

Imhoff [2] gibt die Stickstoffverluste mit 40% an.

B. Versuche zur Ausfaulung von Gerbereischlamm

Diese Versuche wurden als Vorarbeiten für die Kläranlage des Weißelsterverbandes für die Stadt Weida (11 000 Einwohner) durchgeführt. Die Beschaffenheit des Schlammes wird im wesentlichen durch zwei Großgerbereien bestimmt, die allein etwa 210 m³ Schlamm täglich liefern. Es war die Frage zu prüfen, ob der gewerbliche Schlamm durch Ausfaulung mit Erfolg zu behandeln war, oder ob er dem Faulvorgang hinderlich sein würde.

Die Vorbereitung des Schlammes, dessen Zusammensetzung anteilmäßig dem Anfall beider Gerbereien entsprach, geschah für die Versuche in der gleichen Weise wie unter A beschrieben ist. Die Faultemperaturen waren ebenfalls 20, 30 und 46°.

Bei den ersten Versuchen, die nicht näher erwähnt werden, wurde ausgefaulter städtischer Klärschlamm als Impfschlamm benutzt und mit gleichen Teilen Gerbereischlamm gemischt. Der aus diesen Proben gewonnene ausgefaulte Schlamm diente als Impfschlamm für weiteren Gerbereischlamm usf. Auf diese Weise konnte schließlich für die Hauptversuche ein Impfschlamm verwendet werden, der weitgehend mit gewerblichem Schlamm »eingearbeitet« war. Endlich wurde darauf geachtet, daß der Impfschlamm der thermophilen Stufe für den gleichen Wärmegrad anschließender Versuche verwendet wurde.

Zur Kenntnis des verwendeten Schlammes seien die Werte mehrerer Analysen der Asche, die aus etwa 100 kg Naßschlamm gewonnen wurde, vorangestellt:

Farbe der Asche . . . . . . grün
wasserlöslich 12,5%
Sand (in 6% HCl unlöslich) . 7 bis 15%
Kalk CaO . . . . 40 bis 41%
Magnesia MgO . . . . . . 3 bis 4%
$Fe_2O_3 + Al_2O_3$ . . . . . . 9 bis 11%
Chromoxyd Cr_2O_3 . . . . 7,5 bis 8,7%
Sulfate SO_4 . . . . etwa 7%
Chloride Cl . . . . 2 bis 3%
Kohlensäure CO_2 . . . . . 12 bis 19%

Die Versuchsreihe Nr. 7 wurde mit einem Gerbereischlamm folgender Zusammensetzung durchgeführt:

Trockensubstanz 6,77%
davon mineral. . . . . . 3,09% = 45,66% d. Tro.
organ. . . . . . . 3,68% = 54,34% d. Tro.
Chromoxyd Cr_2O_3 . . . . 3,02% d. Tro.
Verhältnis $\frac{min.}{org.}$ Tro. = 1 : 1,189

und umfaßte folgende Einzelversuche:

Nr. 7 bei 20° ⎫ je 200 g Impfschlamm
Nr. 7a und 7b » 30° ⎬ + 500 g Gerbereischlamm,
Nr. 7c und 7d » 46° ⎭

dazu je ein Blindversuch mit Impfschlamm in jeder Temperaturstufe. Die Proben 7 bis 7b enthielten insgesamt:

	Gesamt trockensubstanz	davon organisch
aus Impfschlamm . .	12,20 g	5,18 g
» Gerbereischlamm	33,85 g	18,40 g
	46,05 g	23,58 g

Verhältnis $\frac{min.}{org.}$ Tro. = 1 : 1,049.

Die Proben 7c und 7d waren durch die Verwendung eines besonderen Impfschlammes für die thermophile Faulung etwas anders zusammengesetzt:

	Gesamt trockensubstanz	davon organisch
aus Impfschlamm . .	16,74 g	6,744 g
» Gerbereischlamm	33,85 g	18,40 g
	50,59 g	25,144 g

Verhältnis $\frac{min.}{org.}$ Tro. = 1 : 0,9881.

Die Gasentwicklung begann beim Versuch 7 bei Zimmerwärme in den ersten 7 Tagen träge. Dann wurde die Gasmenge jedoch bis zum 52. Tage merkbar stärker, um hierauf wieder abzusinken. Der Impfschlamm im Blindversuch wird nur geringe Gasbildung auf. Sie erreichte täglich nur wenige Kubikzentimeter.

Die Versuche 7a und 7b bei 30° verliefen hinsichtlich der täglichen als auch der Gesamtgasmenge auffallend gleichartig. Von Anfang an waren sie dem dazugehörigen Blindversuch überlegen, der nur in den ersten Tagen etwas lebhafter war, dann aber stark abflaute.

Die tägliche Höchstgasmenge war am 25. Tage mit 366 cm³ erreicht, fiel hierauf schnell, später langsamer ab.

Bei 46° war der Faulverlauf beider Vergleichsproben 7c und 7d ebenso gleichmäßig. Der schnelle An- und Abstieg der Gasmengen war am 13. Versuchstage mit 710 cm³ am größten.

Das Gas war in allen Proben brennbar und frei von Schwefelwasserstoff. Nach dem Geruch zu urteilen, war der Schlamm ausgefault.

Die Versuchsreihe wurde nach 60 Tagen abgebrochen und der Schlamm untersucht (Zusammenstellung 6).

Zusammenstellung 6

Versuch Nr.	7	7a	7b	7c	7d
Temperatur . . . . °C	20	30		46	
Fauldauer	in allen Fällen 60 Tage				
Aufgefangene Gasmenge . . . . . cm³ Insgesamt	3884	4953	4912	6093	6152
Abzgl. d. d. Impfschl. entw. Gasmenge . .	3804	4824	4783	5783	5842
Eingebr. org. Tro. g		23,58		25,144	
Davon aus Gerb.-Schl. g		18,40		18,40	
Org. Sbstz. der Tro. . b. Beginn d. Vers. %		51,2		49,7	
b. Abbr. d. Vers. . .	43,54	42,84	42,44	39,24	39,65
Vergaste org. Tro. . g	6,242	6,732	7,00	8,705	8,423
Gasmenge cm³ in 60 Tagen: 1. Für 1 g frisch org. Tro. aus Gerb.-Schl. . . .	207	262	260	314	317
2. Für 1 g verg. org. Tro. (spez. Gasmenge) . .	622	736	702	700	728

In den vorstehenden Proben und in den noch folgenden, soweit sie neben Frischschlamm auch Impfschlamm enthielten, mußte zwischen der organischen Substanz des Frischschlammes und der des Impfschlammes unterschieden werden.

Die vergaste organische Substanz läßt sich mit Sicherheit zwar nur als Anteil der organischen Gesamttrockenmasse auffassen und ermitteln, unter Berücksichtigung der Versuchsanordnung und der Gasmenge des Impfschlammes entstammt sie aber aller Wahrscheinlichkeit nach zum allergrößten Teil dem frischen Gerbereischlamm.

Die spezifische Gasmenge kann deshalb für den organischen Anteil des frischen Gerbereischlammes übernommen werden.

Die anschließenden Proben der Versuchsreihe 8 erstreckten sich über 30 Tage und erhielten als Impfschlamm den ausgefaulten Schlammrest der vorhergehenden Versuche.

Die Temperaturen blieben unverändert, und in jeder Wärmestufe lief ein Blindversuch gleichzeitig nebenher.

Die Gläser 8, 8a und 8b bei 20° und 30° enthielten je 350 g Impf- und Frischschlamm und insgesamt:

	Trockensubstanz	davon organisch
aus Impfschlamm . .	18,795 g	8,05 g
» Gerbereischlamm	15,40 g	8,05 g
	34,195 g	16,10 g

Verhältnis $\frac{min.}{org.}$ Tro. = 1 : 0,8897.

Die Gläser 8c und 8d (bei 46°) faßten je 600 g Schlamm, der zu gleichen Teilen aus Gerbereischlamm und Impfschlamm bestand:

	Trockensubstanz	davon organisch
aus Impfschlamm . .	18,21 g	7,23 g
» Gerbereischlamm	13,20 g	6,90 g
	31,41 g	14,13 g

Verhältnis $\frac{min.}{org.}$ Tro. = 1 : 0,8177.

Der frische Gerbereischlamm, der in sämtlichen fünf Proben Anwendung fand, bestand aus:

Trockensubstanz 4,4%
davon mineral. . . . . . 2,1% = 47,8% d. Tro.
organ. . . . . . . 2,3% = 52,2% d. Tro.

Verhältnis $\frac{min.}{org.}$ Tro. = 1 : 1,095,

Chromoxyd Cr_2O_3 . . . . 3,89% d. Tro.

Im Schlammwasserfiltrat:
Alkalität gegen Phenolphtalein . . 9,5 cm³ N—S/1,
Chloride Cl . . . . 1515 mg/l

Die Gasbildung in den Parallelproben war wiederum sehr gleichmäßig.

Versuch 8 begann bereits am 3. Tage merkbar lebhafter zu werden und hatte nach 15 Tagen den Höhepunkt der Faulung überschritten.

Bei 30° war die Abgabe der Hauptgasmenge im wesentlichen auf die Zeit vom 3. bis 7. Tage zusammengedrängt.

Die gleiche Erscheinung war bei der thermophilen Zersetzung zu beobachten.

Das Gas war in allen Fällen brennbar und frei von H_2S. Der verbliebene Schlammrest roch ausgefault.

Die Einzelheiten dieser Versuchreihe gehen aus der Zusammenstellung 7 hervor:

Zusammenstellung 7

Versuch Nr.	8	8a	8b	8c	8d
Temp. d. Vers. . . °C	20	30		46	
Fauldauer	in allen Fällen 30 Tage				
Aufgef. Gasmenge cm³	1632	2256	2225	1948	1932
abzügl. d. d. Impfschlamm entw. Gasmenge	1518	2003	1972	1878	1862

Fortsetzung von Zusammenstellung 7

Versuch Nr.	8	8a	8b	8c	8d
Eingebrachte org. Tro. . . . . g	16,10		14,13		
Davon aus Gerb.-Schl. g	8,05		6,90		
Org. Sbstz. der Tro. . b. Beginn d. Vers. %	47,08		44,98		
b. Abbr. d. Vers. . .	43,3	42,53	41,94	40,22	40,52
Vergaste org. Tro. . g	2,282	2,709	3,027	2,504	2,355
cm³ Gas in 30 Tg.:					
1. Für 1 g eingebr. Tro. aus Gerb.-Schlamm .	189	249	245	272	270
2. Für 1 g vergaste org. Tro. (spez. Gasmenge)	715	833	736	778	820

Die Umwandlung der Verbindungsformen des Stickstoffs wurden im Versuch Nr. 9 bei 46° für Gerbereischlamm verfolgt.

Der benutzte Impfschlamm hatte den pH-Wert 7,9 und einen Chromgehalt von 2,66% Cr_2O_3 in der Trockenmasse.

Der Gerbereischlamm wurde in nachfolgender Zusammensetzung zugefügt:

pH-Wert (n. Wulff) . . . 8,2
Trockensubstanz 5,286%
davon mineral. . . . . 2,806% = 53,09% d. Tro.
organ. . . . . . 2,479% = 46,91% d. Tro.
Chromoxyd Cr_2O_3 . . . . 3,05% d. Tro.

Der Versuch, der je 400 g Impf- und Frischschlamm enthielt, wurde nach 23 Tagen beendet. Der Restschlamm roch ausgefault. Das Gas war brennbar, Schwefelwasserstoff war in ihm nicht wahrnehmbar.

Die Zusammenstellung 8 vereinigt die Analysen bei Beginn und bei Abbruch des Versuchs Nr. 9:

Zusammenstellung 8

Versuch 9	bei Beginn	bei Abbruch
Temperatur . . . . °C	—	46
Versuchsdauer	—	23 Tage
Aufgefang. Gasmenge cm³ insgesamt:	—	2436
abzügl. d. d. Impfschl. entw. Gasmenge	—	2236
Trockensubstanz . . . . g	39,06	35,44
davon mineralisch	21,048	21,15
organisch	18,012	14,288
Chromoxyd Cr_2O_3 . . . % d. Tro.	1,96	2,17
Gesamtstickstoff n. Kjeldahl mg N	1401,2	1391,2
davon ungelöst	982	837,6
gelöst	419,2	553,6
Ammoniakstickstoff . . . . mg N	400,2	—
Chloride Cl . . . . mg	1108,0	—
Vergaste organ. Trockensubstanz g	—	3,76
cm³ Gas in 23 Tagen:		
1. Für 1 g eingebracht org. Tro. d. Gerb.-Schl.	—	225
2. Für 1 g vergaste organ. Tro. (spez. Gasmenge)	—	645

Der Faulvorgang arbeitet bei Gerbereischlamm, wie auch nicht anders zu erwarten war, ebenfalls ohne Stickstoffeinbuße. Die Überführung der ungelösten Stickstoffsubstanz in die lösliche Form ist in Anbetracht der geringeren Menge vergaster Substanz nicht so weitgehend wie bei häuslichem Schlamm.

Versuch Nr. 10 unterschied sich insofern von den bisherigen, als die Frischschlammzugabe nicht eine einmalige war, sondern in gewissen Abständen wiederholt wurde. Während der ersten Tage zeigte sich bald, daß der Impfschlamm nur unbedeutende Gasmengen abgab. Dann erfolgte die erste Frischschlammzugabe, die von einer zunehmenden Gasbildung begleitet war. Nach Abflauen der täglichen Gasausbeute erfolgte die zweite Zugabe usf. Insgesamt erhielt die Probe zehn Einzelgaben, die ebenso wie der Impfschlamm vorher analysiert wurden.

Nach dem letzten Zusatz blieb die Zersetzung noch weitere 35 Tage in Gang, war dann allerdings weitgehend abgeklungen, so daß sie nach insgesamt 195 Tagen praktisch beendet war und abgebrochen wurde.

Die Trockenmasse gliederte sich in nachstehender Weise auf:

	Trockensbstz.	davon mineral.	organ.
aus Impfschlamm	18,25 g	10,20 g	8,05 g
» Frischschlamm	75,518 g	37,14 g	38,378 g
	93,768 g	47,34 g	46,428 g

Zur Kenntnis des Faulverlaufes genügt es, auf die Schaulinie des Bildes 7 hinzuweisen.

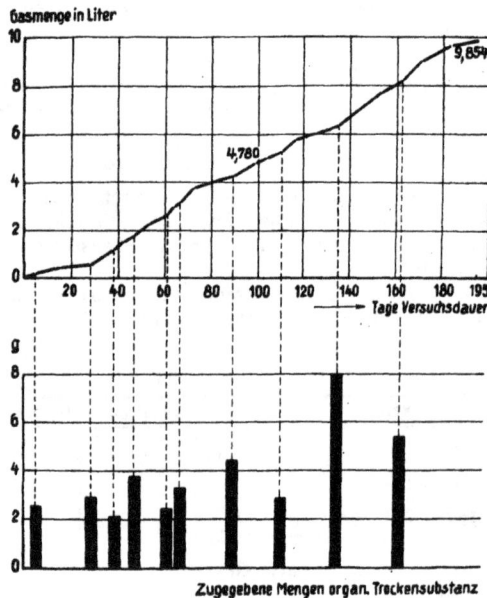

Bild 7.

Jede Frischschlammzugabe bewirkte eine Zunahme der Gasausbeute und zeichnete sich durch Ansteigen der Mengenlinie ab.

Die aufgefangene Gasmenge betrug 9854 cm³, davon entfallen 140 cm³ auf die ersten 6 Tage, in der der Impfschlamm allein beobachtet wurde.

Der organische Anteil der Gesamttrockensubstanz belief sich am Anfang auf 49,51%. Er war im ausgefaulten Schlammrest auf 42,86% zurückgegangen. Die vergaste organische Trockensubstanz erreichte 10,91 g.

Auf 1 g organische Trockensubstanz des Gerbereischlammes entfielen 253 cm³ Gas.

1 g organische Trockensubstanz lieferte bei der restlosen Vergasung 903 cm³ Gas (= spezifische Gasmenge).

Der Chromgehalt des ausgefaulten Schlammes entsprach 3,54% Cr_2O_3 der Trockensubstanz.

Der folgende Versuch Nr. 11 war in seinen Grundzügen ebenso angelegt wie Nr. 10. Da er jedoch bei 46° arbeitete, und die Zersetzung naturgemäß schneller vor sich ging, konnten die Frischschlammzugaben in kürzeren Abständen erfolgen.

Nach insgesamt 73 Tagen Faulzeit und 32 Tagen nach dem letzten Zusatz wurde der Versuch beendet und der Schlamm analysiert.

Das gleichmäßige Ansteigen der Gasmengenlinie in Bild 8 beweist, daß der Schlamm geeignet war, die Gasentwicklung auf gleichbleibender Höhe zu halten.

Der organische Anteil sank von 50,74 auf 41,56% der Trockenmasse. Der Chromgehalt entsprach 4,02% Cr_2O_3 in der Trockensubstanz des ausgefaulten Schlammes.

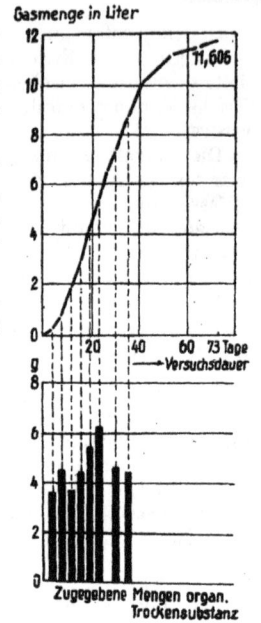

Bild 8.

Die folgende Zusammenstellung Nr. 9 erfaßt die wichtigsten Werte dieses Versuches:

Versuch	Nr. 11		
Fauldauer und -temperatur	73 Tage bei 46°		
Aufgefangene Gasmenge . . . . cm³	11 495		
Es stammen:	Trockensubstanz	davon mineral.	organ.
aus Impfschlamm . g	29,25	16,575	12,675
aus Frischschlamm g	69,62	32,127	37,493
	98,87	48,702	50,168
Verg. org. Tro. . . g	15,399		
cm³ Gas für 1 g eingebr. Tro. des Gerb.-Schlammes .	307		
Spezifische Gasmenge für 1 g . . .	746		

Aus diesen vorstehenden Versuchsreihen geht hervor, daß der verwendete Gerbereischlamm für sich geeignet ist, die Faulgasbildung zu unterhalten. Nach Beendigung der Zersetzung lieferte er einen Schlamm, der alle Merkmale eines normal ausgefaulten Schlammes besaß.

Was die entwickelte Gasmenge betrifft, so war sie stets erheblich niedriger als von normalem häuslichem Schlamm. Zwei Gründe sind hierfür maßgebend:

1. Der Anteil der unter Gasbildung leicht zersetzbaren organischen Masse ist gering. Nach den Untersuchungen beträgt er

bei 20°: 26 bis 33%,
» 30°: 29 » 37%,
» 46°: 33 » 43%

der eingebrachten frischen organischen Trockensubstanz. Er bleibt damit wesentlich unter den entsprechenden Zahlenwerten, die auf S. 9 für häuslichen Schlamm genannt werden.

2. Die spezifische Gasmenge beträgt im Durchschnitt 740 cm³ und damit nur zwei Drittel der im Abschnitt A ermittelten spezifischen Gasausbeute für häuslichen Schlamm.

Die Tatsache, daß der Gerbereischlamm in allen Fällen alkalisch reagierte, legt die Vermutung nahe, daß ein unverhältnismäßig großer Anteil der Kohlensäure durch die Alkalität des Schlammes gebunden wird und der Gesamtgasausbeute verloren geht und daß dies letzten Endes der Grund für die niedrige spezifische Gasmenge dieses Schlammes ist.

Zur Nachprüfung wurden 2 Versuchsreihen angesetzt, mit dem Unterschied, daß bei der einen der Gerbereischlamm mit Kohlendioxyd bis zum pH-Wert 7,6 neutralisiert wurde, während bei der anderen die Begasung unterblieb.

Als nach viermonatiger Fauldauer die Versuche beendet wurden, war der Mineralisationsmodul für alle Proben fast gleich, und die Gasmenge für den mit CO_2 begasten Schlamm unwesentlich höher. Der Unterschied genügte keineswegs, die spezifische Gasausbeute für Gerbereischlamm grundlegend zu ändern.

C. Faulversuch mit dem Schlamm einer Rohpappenfabrik

Es war sehr naheliegend, daß außer Gerbereischlamm noch andere Schlammarten gewerblicher Herkunft zu finden sein mußten, die, soweit sie überhaupt in gasförmige Zersetzung überzugehen vermochten, in ihrer spezifischen Gasausbeute vom häuslichen Schlamm abwichen.

Es wurde der Klärschlamm einer Rohpappenfabrik geprüft. In der Betriebskläranlage konnte stets lebhafte Gärung bei erhöhter Wassertemperatur beobachtet werden. 700 g Schlamm wurden bei 37° zu dem nachfolgenden Versuch Nr. 12 benutzt.

Analyse des Frischschlammes:

pH-Wert (n. Wulff) 7,3
Trockensubstanz. 6,33%
davon mineral. . . . . . 40,38% d. Tro.
       organ. . . . . . . 59,62% d. Tro.
Verhältnis $\frac{min.}{org.}$ Tro. = 1:1,476.

Impfschlamm wurde nicht zugegeben. Die Gasentwicklung begann vom ersten Tage lebhaft und hielt mehr als drei Wochen unvermindert stark an, fiel aber dann unvermittelt ab und war am Ende der 52 tägigen Gesamtfaulzeit nur noch unbedeutend.

Am Ende des Versuches war die Farbe des Schlammes tiefschwarz. Geruch nach Schwefelwasserstoff war nicht vorhanden. Die organische Trockensubstanz hatte um 20,2% abgenommen.

Die Zusammensetzung des ausgefaulten Schlammes war folgende:

pH-Wert (n. Wulff) 7,3
Trockensubstanz. 5,56%
davon mineral. . . . . . 45,83% d. Tro.
       organ. . . . . . . 54,17% d. Tro.
Verhältnis $\frac{min.}{org.}$ Tro. = 1:1,182
gemessene Gasmenge . . 4198 cm³
Gasmenge für 1 g frische organ. Tro. 159 cm³
spezifische Gasmenge 787 cm³.

Für den Klärschlamm aus Rohpappenfabriken gilt demnach dasselbe wie für den Gerbereischlamm:

Die Gasausbeute, die sich aus den Gasmengenlinien ergibt, (Bild 1 und 2) kann nicht erreicht werden. Sie beträgt nur etwa 25%. Die Gründe sind die gleichen, wie sie für Gerbereischlamm genannt wurden.

D. Versuch zur Ausfaulung von Belebtschlamm

In Belebtschlammanlagen ist der Schlammanfall insgesamt höher als in mechanischen Anlagen. Der Überschußschlamm wird am besten im Vorklärbecken abgeschieden und mit dem Schlamm der Vorreinigung gemeinsam ausgefault. In seiner Art ist Überschußschlamm anders zusammengesetzt als der Schlamm der Vorreinigung. Imhoff ([2], S. 175) weist darauf hin, daß Überschußschlamm erheblich weniger Gas zu liefern vermag.

Der Versuch Nr. 13 wurde mit Überschußschlamm der Kläranlage Eisenberg in Thüringen durchgeführt. Durch mehrmaliges Absetzen wurde der sehr wasserhaltige Schlamm eingedickt und vor seiner Weiterverwendung mit 7 Vol.-% Impfschlamm versetzt.

Der Schlamm hatte eine dunkelbraune Farbe und folgende Zusammensetzung:

Trockensubstanz . . . . . 30,024 g
mineral. Tro. . . . . . . 13,982 g = 46,57% d. Tro.
organ. Tro. . . . . 16,042 g = 53,43% d. Tro.
Verhältnis $\frac{min.}{org.}$ Tro. = 1:1,1473.

Nach einer Gesamtfauldauer von 44 Tagen bei Zimmertemperatur (18 bis 20° C) betrug die Gasmenge 4045 cm³. Ihr Hauptanteil wurde vom 6. bis zum 24. Tage entwickelt.

In diesem Versuch war es sehr auffallend, daß sich während der Fauldauer keine Schwimmdecke bildete, die sonst mit jedem anderen Schlamm sogleich entstand und bestehen blieb.

Bei Abbruch des Versuches wurde der pH-Wert nach Wulff mit 7,3 gemessen. Nitrite und Nitrate waren im Schlammwasser nicht nachweisbar.

Die vergaste organische Trockenmasse betrug 29,1% der eingebrachten Menge.

Auf 1 g eingebrachte organische Trockensubstanz entfallen 252 cm³ Gas.

Die spezifische Gasmenge beträgt 866 cm³.

Aus diesen Ergebnissen läßt sich schließen, daß Überschußschlamm im Vergleich zum Schlamm der Vorreinigung nur etwa 45% der Gasmenge zu liefern vermag.

Erklärlich wird diese Tatsache allein durch folgende Überlegung:

Durch die Arbeit des belebten Schlammes im Belebtschlammverfahren wird ein Teil des Schlammes biologisch aufgezehrt. Es werden zunächst die Stoffe erfaßt, die sich am leichtesten mineralisieren lassen. Die restlichen organischen Bestandteile verbleiben dem Überschußschlamm und sind auch im Faulprozeß schwerer zu zersetzen.

Dadurch führt die Ausfaulung nicht zu einer so weitgehenden Verringerung der organischen Trockensubstanz, und es erklärt sich auch die verminderte spezifische Gasmenge. Die Ansicht, daß schwerer vergasbare organische Stoffe eine geringere spezifische Gasmenge liefern — s. S. 8 — erhält eine Stütze.

E. Die Zersetzung von Kalziumazetat im Faulvorgang und das Verhalten chemisch gefällten Schlammes

Kalziumazetat wird durch Faulschlamm vergärt und in der Groeneweg'schen Kulturflüssigkeit neben anorganischen Salzen zur Anreicherung der Methanbakterien benutzt. Bach und Sierp (a. a. O.) sind der Ansicht, daß Kalziumazetat Methan, Kohlensäure und kohlensauren Kalk als Spaltungsprodukte liefert.

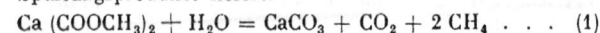

$$Ca(COOCH_3)_2 + H_2O = CaCO_3 + CO_2 + 2 CH_4 \dots (1)$$

Im folgenden Versuch Nr. 15 wurde eine Kalziumazetatlösung mit zersetztem Faulschlamm vermischt und im Schlammwasser vor dem Beginn das Mengenverhältnis der gelösten Chloride zu den gelösten Kalkverbindungen bestimmt (Cl:CaO).

Nur wenige Stunden nach Versuchsbeginn setzte die Gasbildung ein. Sechs Tage später wurde Schlammwasser entnommen, filtriert und das Verhältnis Cl:CaO erneut bestimmt. Nach weiteren 6 Tagen wurde die Untersuchung wiederholt.

Es stellte sich heraus, daß sich das Verhältnis Cl:CaO nicht verändert hatte. Das filtrierte Schlammwasser trübte sich beim Erwärmen unter Abscheidung von weißem Kalziumkarbonat.

Hiernach scheint festzustehen, daß bei der Vergärung von Kalziumazetat Kohlensäure nicht entsteht und sich nur Methan und lösliches Kalziumbikarbonat bildet nach folgender Umsetzung:

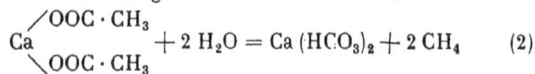

$$Ca\diagup^{OOC\cdot CH_3}_{\diagdown OOC\cdot CH_3} + 2\,H_2O = Ca\,(HCO_3)_2 + 2\,CH_4 \qquad (2)$$

Nach Zufügen von weiteren 5 g essigsaurem Kalk wurde der oben begonnene Versuch weitergeführt. Der Kohlensäuregehalt des Gases war gering und betrug nach 2 Analysen 2,7 und 2,1 Vol.-% CO_2. Er entstammt sicher nur dem Impfschlamm, dessen Einfluß auf die Gaszusammensetzung nicht auszuschalten ist.

Die Gasanalyse bestätigt, daß die Spaltung nicht nach Gl. (1), nach der das Gas zu einem Drittel aus CO_2 bestehen müßte, sondern nach (2) verläuft.

Die spezifische Gasmenge errechnet sich wie folgt:

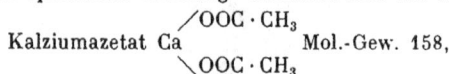

Kalziumazetat $Ca\diagup^{OOC\cdot CH_3}_{\diagdown OOC\cdot CH_3}$ Mol.-Gew. 158,

158 g $Ca\,(CH_3\cdot COO)_2$ enthalten
100 g mineral. Substanz $(CaCO_3)$,
58 g organ. Substanz $(CH_3)_2\cdot CO$,
58 g organ. Substanz liefern 44,8 l Methan.

Die spezifische Gasmenge beträgt für die organische Substanz des Kalziumazetats 772 cm³.

Im Anschluß an Versuch Nr. 15 wurde im folgenden geprüft, wie sich ein Schlamm verhält, der durch Kalk und Magnesiumsalze chemisch gefällt ist.

Zu diesem Zweck wurden 2 l Schlamm angesetzt. Ein Teil desselben war durch Magnesiumchlorid und Kalk chemisch gefällt. Das Gefäß wurde mit Leitungswasser fast aufgefüllt und durch ein Gärrohr verschlossen.

Die Gasentwicklung kam erst in Gang, als die Alkalität, die vom Fällungsmittel herrührte, durch Einleiten von CO_2 beseitigt war.

Das Faulraumwasser enthielt:

Kalkhärte . . . 18,75° d. H.
Magnesiahärte . 18,95° d. H.
Gesamthärte . . 37,7° d. H.

Nach etwa 3 Wochen war die Zersetzung, nach der geringen täglichen Gasbildung beurteilt, im wesentlichen beendet.

Kalk- und Magnesiumkarbonat hatten sich im Wasser angereichert. Die Kalkhärte betrug nun 47,4° d. H., die Magnesiahärte war auf 34,73° d. H. angestiegen. Die Gesamthärte hatte sich mit 82,13° d. H. mehr als verdoppelt.

Die im Faulvorgang entwickelte Kohlensäure wirkt demnach auf gefällte Kalk- und Magnesiakarbonate bzw. -hydroxyde aggressiv.

Einem weiteren Faulversuche wurden 10 g Marmorpulver zugesetzt, wie es in gleicher Qualität für die Marmorlösungsversuche nach Heyer zur Bestimmung der kalkaggressiven Kohlensäure benutzt wird. Während der fünfwöchentlichen Versuchsdauer zeigte sich ebenfalls eine Zunahme der gelösten Kalkverbindungen von 27 auf 33 Härtegrade.

Auf das dichtere Marmorpulver scheint die Kohlensäure nur in geringem Umfange lösend einzuwirken.

Zusammenfassung

Es wurden Faulversuche mit verschiedenem Schlamm bei verschiedenen Temperaturen vorgenommen und insbesondere die Umwandlung und der Rückgang der organischen Masse im Hinblick auf die Gasausbeute beobachtet.

Im anaeroben Faulvorgang wird ein Teil der organischen Substanz aufgezehrt und in gasförmige Bestandteile übergeführt.

Die entwickelte Gasmenge, bezogen auf die Einheit der im frischen Schlamm enthaltenen und in den Faulraum eingebrachten organischen Trockensubstanz, ist abhängig

a) von dem Verhältnis der vergasbaren organischen Substanz zur Gesamtmenge der organischen Masse,
b) von der Gasmenge, die 1 g der gasliefernden Masse bei der restlosen Zersetzung im Faulvorgang abzugeben vermag. Für diese Menge wurde der Begriff »spezifische Gasmenge« eingeführt.

Die spezifische Gasmenge wurde für mehrere einfache chemische Verbindungen theoretisch ermittelt. In praktischen Versuchen wurde sie für den Klärschlamm von drei größeren mechanischen städtischen Sammelanlagen im Durchschnitt mit 1,1 l/g bestimmt.

Geringere spezifische Gasmengen wurden für Gerbereischlamm, für den Schlamm einer Rohpappefabrik und für Überschußschlamm einer Belebtschlammanlage gefunden.

Höhere spezifische Gasausbeuten liefern die Fettsäuren. Pflanzliche und tierische Öle und Fette oder Seifen im Abwasserschlamm erhöhen die Gasausbeute.

Die bekannten Gasmengenkurven von Sierp oder Fair können nicht für jeden Schlamm übernommen werden.

Der elementare Stickstoff im Faulgas entsteht nicht durch Reduktion der organischen Substanz. Nitrite können die Ursache der Stickstoffbildung sein.

Ungelöste organische Stickstoffverbindungen werden zum großen Teil in gelöste mineralische N-Verbindungen übergeführt. Durch die Entwässerung gehen diese gelösten Verbindungen dem Schlamm verloren, woraus sich die Stickstoffverluste der ausgefaulten Schlammes erklären lassen. Verluste durch Bildung von Stickstoffgas fallen wenig ins Gewicht.

Die im Faulvorgang entstehende Kohlensäure wirkt auf gefällte Kalk- oder Magnesiumkarbonate bzw. -hydroxyde aggressiv. Das dichtere Marmorpulver wird jedoch nur in geringerem Umfange angegriffen.

Schrifttum

[1] Imhoff, Taschenbuch der Stadtentwässerung 1936.
[2] Imhoff, Taschenbuch der Stadtentwässerung 1939.
[3] Pflügers Arch. f. Hyg. Bd. 10 (1875) S. 113.
[4] Ztschr. f. Physiol. Chem. Bd. 2 (1887).
[5] Centralbl. f. Bact. Abt. II Bd. 5 S. 438ff.
[6] Het ontstaan en verdwijnen can waterstof en methan onder den invloed van het organische leven (Proefschrift), Delft 1906.
[7] Bacteriologische Onderzoekingen over Biologische Reinigung. Mededeel. van d. Burgerlijk. Geneeskund. Dienst 1920, Deel 1.

[8] Centralbl. f. Bact. etc. II. Abt. Bd. 58 (1923) S. 401ff. und Bd. 59 (1923) S. 1ff.
Centralbl. f. Bact. etc. II. Abt. Bd. 60 (1923) S. 318ff.
Centralbl. f. Bact. etc. II. Abt. Bd. 62 (1924) S. 24ff.
Jahrb. Vom Wasser 1936, S. 9ff.
[9] Handbuch d. Hyg. 2. Aufl. Bd. II Abt. 2 Wasser und Abwasser.
[10] Ges.-Ing. 1925 Jg. 52 S. 656.
[11] Kl. Mitt. d. Landesanstalt f. W.B.L.-hyg. 1938 14 Nr. 1/3 S. 20.

www.ingramcontent.com/pod-product-compliance
Lightning Source LLC
Chambersburg PA
CBHW081426190326
41458CB00020B/6111